AF357176

ESSAI

DISTILLATION DES VINS

DANS LES CHARENTES

———

L'ÉPURATEUR MASSONNEAU

———

PAR LE Dr JULES FERRAND

De Neuvicq

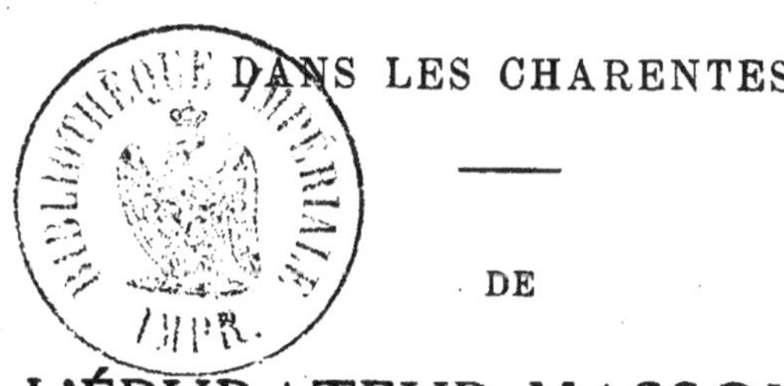

ANGOULÊME

IMPRIMERIE CHARENTAISE DE A. NADAUD ET Ce

Rempart Desaix, 26

——

1869

ESSAI

SUR LA

DISTILLATION DES VINS

DANS LES CHARENTES

I.

Il n'est pas douteux que la fabrication des chaudières à eau-de-vie ait suivi le mouvement progressif de l'époque. On peut aisément s'en convaincre en comparant les belles distilleries que nous possédons aujourd'hui à la vieille chaudière classique, la seule à peu près usitée dans les Charentes il y a trente à quarante ans. Eh bien ! malgré les progrès réels qu'a faits dans ces derniers temps l'art de la distillation des vins, il laisse encore beaucoup à désirer sous bien des rapports. Cela est si vrai, que l'opinion publique n'est pas encore fixée sur la valeur respective des différents appareils que nous possédons.

Parmi les propriétaires, les uns, sous la foi du haut commerce, soutiennent que la chaudière ancienne est encore celle qui fournit la meilleure eau-de-vie, et ils s'empressent de démolir ou de revendre à vil prix leurs appareils nouveaux pour leur en substituer d'autres de l'ancien système.

Quelques-uns, un peu mieux avisés peut-être, se demandent comment il se fait que les eaux-de-vie des anciennes chaudières soient meilleures et ne se vendent pas plus que les autres sur nos marchés, et ils se décident pour les chaudières nouvelles, économisant en cela temps, alcool, combustible. Il est une troisième catégorie de propriétaires, et ce sont les plus nombreux, qui adoptent un système de distillation mixte, la chaudière à chauffe-vin ; ceux-ci économisent le combustible, mais ils perdent du temps et de l'alcool comme ceux qui se servent de la chaudière élémentaire seule.

A l'époque où je devins propriétaire, il y a huit à neuf ans, je fus frappé de l'inégalité des rendements alcooliques des divers systèmes de distillation en usage dans les Charentes. Je dois dire que cette étrange inégalité me fit supposer qu'aucune règle fixe, aucune unité de principe ne présidait à la formation de ces appareils. Comment comprendre, en effet, que ceux-ci, opérant sur un même vin, appartenant souvent à un même système de distillation, donnent des résultats si différents, que l'aréomètre constate dans leurs produits ici quatre degrés, là cinq, plus loin six, et même sept et demi ? Il me sembla, dès lors, que la plupart de nos chaudières manquaient des proportions convenables pour arriver à un résultat identique, à un fonctionnement uniforme et régulier.

Pour l'intelligence de cet opuscule j'ai besoin de donner une idée sommaire des appareils usités dans notre pays. Ils se rattachent à deux systèmes principaux : l'ancien et le nouveau.

L'ancien système est assez exactement représenté

par l'alambic dont on se sert journellement dans les pharmacies. Une chaudière surmontée de son couvercle ou chapeau, un réfrigérant dans lequel plonge un long tube de cuivre replié plusieurs fois sur lui-même en spirale, voilà l'appareil antique, celui qui était à peu près le seul employé autrefois, celui qui semble encore aujourd'hui particulièrement affectionné par le commerce.

Voici en deux mots comment fonctionne cet appareil qui est à peu près connu de tout le monde. La chaudière, son chapeau et le serpentin une fois ajustés et lutés convenablement entre eux, on chauffe, et après un certain temps, qui varie avec le volume et la qualité du vin, celui-ci entre en ébullition et donne naissance à des vapeurs qui s'élèvent à sa surface et de là viennent se porter, puis se condenser dans le réfrigérant, au moyen du serpentin, d'où elles sortent finalement sous la forme d'un liquide à saveur alcoolique, trouble, légèrement blanchâtre, connu sous le nom de brouillis. Ce liquide étant repris et distillé de nouveau, donne naissance à un autre liquide plus limpide et plus subtil, connu sous le nom d'eau-de-vie, marquant quatre degrés au moins à l'aréomètre ordinaire.

En général, ce système de distillation n'est plus guère employé de nos jours dans l'état de simplicité que je viens de décrire, sans doute à cause de la perte de temps et de combustible à laquelle il condamne le distillateur. On lui substitue aujourd'hui la chaudière dite à chauffe-vin; celle-ci se compose de l'appareil précédent auquel on adjoint un vase de cuivre d'une capacité à peu près égale à celle de la chaudière et que l'on nomme chauffe-vin. C'est un deuxième réfrigérant; le liquide qu'il contient s'échauffe au moyen du calorique latent pendant le cours de la distillation. Celle-ci une fois terminée, on verse le vin chauffé dans la chaudière, où il entre bientôt en ébullition au moyen d'une faible quantité de combustible ; c'est l'appareil le plus généralement employé. Il n'est guère plus coûteux que le précédent, mais il est plus économique ; on convient assez généralement que les produits de ces deux appareils sont à peu près les mêmes.

Le nouveau système, plus riche et plus beau que son devancier, marqué d'ailleurs en cela au coin du progrès du XIXe siècle, comprend : 1° une sorte de sphère aplatie, le chauffe-vin, premier réfrigérant destiné à la condensation des premières vapeurs ou vapeurs sous-alcooliques ; 2° le globe, sorte d'appareil à rectification, vase le plus souvent ovoïde, à double compartiment, qui s'adapte à l'ouverture supérieure de la chaudière et reçoit dans son intérieur, à l'état liquide, les premières vapeurs déjà condensées dans le chauffe-vin. Ce vase occupe le point central du système et communique à droite et à gauche avec les réfrigérants par des tubes gracieusement contournés.

Avec cet appareil, l'opération se fait partie à feu nu, partie à la vapeur ; les vapeurs qui s'élèvent les premières vont se condenser dans le tube qui traverse le chauffe-vin et retombent à l'état liquide dans le compartiment intérieur du globe ; de là il s'élève de nouvelles vapeurs plus subtiles qui viennent à leur tour se liquéfier dans le serpentin, d'où elles sortent enfin à l'état d'eau-de-vie. Dans ce système, les premières vapeurs sont dues à l'action directe du feu nu ; les secondes, au calorique des vapeurs qui s'élèvent incessamment de la chaudière. On le voit, ce sont deux distillations qui s'opèrent en même temps avec une même source de chaleur. Ce procédé est essentiellement économique, l'opération est en même temps plus expéditive.

Supposez, en effet, deux chaudières, l'une de l'ancien, l'autre du nouveau système, ayant toutes les deux même capacité, soit trois cents litres, par exemple, et fonctionnant en même temps, la première ne fera que convertir dans les vingt-quatre heures neuf cents litres de vin en liquide sous-alcoolique ; la seconde transformera directement en eau-de-vie douze cents litres du même liquide et dans le même laps de temps. Or, pour distiller le liquide sous-alcoolique de la première chaudière, il faudra une quatrième opération qui durera au moins huit heures. Il résulte de là que tandis que la chaudière du premier jet distillera douze cents litres de vin dans les vingt-quatre heures, la chaudière ancienne n'en distillera réellement dans le même temps que six cent soixante-quinze litres en même liquide alcoolique. Ceci découle de la proportion suivante : $32^h : 24^h :: 900 : x$, d'où $x = 675$.

On voit par là que la rapidité de l'exécution est un avantage incontestable de l'appareil nouveau qui est, si l'on peut s'exprimer ainsi, le chemin de fer de la distillation. Je ne veux pas dire par là que dans ce système le jeu de la distillation soit plus rapide, plus accéléré ; je prouverai au contraire qu'il est plus modéré. Si donc avec cet appareil on obtient un effet à peu près double du précédent, cela tient, comme je l'ai dit plus haut, au double emploi que l'on fait de la chaleur pour opérer en même temps deux distillations. Comment se fait-il qu'avec cet avantage et bien d'autres le nouveau système de distillation ne soit pas plus généralement adopté ? Cela tient sans doute à ce que bien des gens considèrent encore les produits de ce système comme inférieurs à ceux de l'ancien.

Observons, toutefois, que le commerce ne fait aucune distinction quant aux prix de ces deux produits. On sait qu'il est souvent difficile, même aux connaisseurs, de les distinguer l'un de l'autre ; des faits nombreux pourraient être cités à ce sujet. Sur quelles données théoriques s'appuie-t-on, cependant, pour avancer que les eaux-de-vie faites avec l'ancien système sont préférables à celles du nouveau ? La meilleure raison que l'on peut donner, à mon avis, c'est que dans ce dernier il y aurait mélange des deux ordres de vapeurs ou manque de rectification. Cette crainte n'est-elle pas plutôt imaginaire que fondée ? Voyons ce qui se passe, en effet, pendant la distillation. Au début de celle-ci, le vin qui constitue le premier réfrigérant du système est à une basse température ; en conséquence, il suffit à la condensation des premières vapeurs, du moins pendant un temps donné, temps pendant lequel il y aura accumulation de liquide dans le globe. Or, si le tube qui conduit la vapeur sous-alcoolique dans le rectificateur s'insère au bas-fond de celui-ci, il résulte de cette disposition que, dans le cas où le vin chauffé ne suffirait plus à la condensation complète des vapeurs, celles-ci pourraient néanmoins achever leur condensation en traversant le liquide déjà contenu dans le compartiment intérieur du globe. Cette condensation ne sera, il est vrai, qu'instantanée, mais elle aura lieu, et les nouvelles vapeurs qui s'élèveront ensuite de la surface du liquide seront toutes homogènes ou de même nature (1). Il n'y aura donc pas lieu d'accuser cette distillation d'un défaut

(1) Je dois cette théorie de l'épuration alcoolique à l'appareil de M. Massonneau, dont je parlerai plus loin.

de triage , pour me servir de l'expression du distillateur charentais.

Que si l'on considère maintenant le phénomène de
la distillation dans l'ancien système , on voit qu'il ne
semble pas favorable, théoriquement du moins, à la
qualité des eaux-de-vie. En effet , l'ébullition s'opère
ici à une température très élevée. Les vapeurs sous-
alcooliques, dépourvues de modérateur, s'engouffrent
dans le serpentin , entraînant avec elles de l'eau en
abondance et des matières phlegmatiques impures. Je
ne citerai comme preuve de l'imperfection de cette distillation que l'état du liquide sous-alcoolique connu
sous le nom de brouillis. Y a-t-il dans ce liquide quelque chose qui ressemble à un produit quelconque de
distillation? On le voit, loin d'admettre les idées généralement reçues , je suis tenté de les combattre , du
moins dans le sens théorique ; pour ce qui est de la
science du gourmet, j'avoue que je ne la crois pas assez
avancée pour saisir sûrement les nuances les plus dé-
licates qui existent entre les eaux-de-vie qui se res-
semblent.

Je demande au lecteur la permission de citer un
fait qui présente ici quelque à-propos. Un agent du
commerce vint un jour me trouver pour déguster mes
vieilles eaux-de-vie ; je consentis aussitôt à sa demande
et lui donnai sur ce point toute liberté d'action. Notez
qu'il ignorait que mes eaux-de-vie avaient été faites
partie à l'ancien , partie au nouveau procédé. Dégagé
donc de toute influence , il se prononça en faveur des
eaux-de-vie du nouveau système, bien qu'il fût lui-
même partisan de l'ancien. Je fis observer à l'expert
que l'eau-de-vie qu'il trouvait de qualité inférieure

avait cependant plus d'âge que l'autre. Il persista néanmoins dans son jugement (1).

Voici la conclusion que je tirai de cette épreuve, qui a le mérite de n'avoir pas été préparée à l'avance : Les eaux-de-vie du nouveau système sont pour le moins aussi bonnes que celles de l'ancien, puisqu'on les confond souvent avec ces dernières et qu'on les trouve quelquefois meilleures. Il est donc rationnel, toutes choses étant égales d'ailleurs, de préférer l'appareil qui épuise le mieux l'alcool. Ajoutons qu'il serait peut-être profitable au distillateur charentais de consulter parfois les travaux des hommes célèbres qui ont vieilli dans la science de la distillation. Eux aussi, ils ont mis au service de l'humanité leurs veilles, leurs travaux, leur génie.

Encore une idée qui a fait son chemin dans nos campagnes et qui n'a guère plus de fondement que celle que je viens de combattre, on admet généralement sans contrôle que l'eau-de-vie du nouveau système perd bien plus vite que l'autre son degré alcoolique.

Voici l'épreuve que je viens de faire à ce sujet :

Mon eau-de-vie de 1859, faite à l'ancien procédé, marquait à son origine 6 degrés 3/4; aujourd'hui elle a 4 degrés 1/4.

Mon eau-de-vie de 1862, faite au nouveau procédé, marquait d'abord 7 degrés; elle a aujourd'hui 5 degrés 1/2.

Ces faits n'ont pas besoin de commentaires; on serait même tenté de ne pas relever ces allégations, s'il n'y avait pas au fond de tout cela un devoir à remplir, et

(1) Les eaux-de-vie comparées proviennent dans les deux cas de vins de bonne qualité.

ce devoir consiste à débarrasser l'esprit du propriétaire
distillateur des vieilles idées enfantées par la routine.
On m'objectera peut-être que je parle ici un langage
qui ne m'est pas familier, que mes opérations ont lieu
sur un théâtre bien petit et bien éloigné du centre des
lumières. Cela est vrai; mais on m'accordera, je l'es-
père, que ces circonstances mêmes ne sont pas absolument de nature à me brouiller avec la vérité, et que
je puis enfin la reconnaître, non-seulement par la
méthode expérimentale dont j'ai fait quelque usage,
mais encore à la simplicité et au sens commun dont cette
même vérité s'entoure par fois ici comme ailleurs.

*Du degré alcoolique et de ses différences dans les différents
systèmes de distillation.*

Le degré alcoolique est un des points les plus im-
portants de la distillation des vins. Il n'est peut-être
pas, dans les deux Charentes, de propriétaire distillateur qui ignore que le commerce préfère l'eau-de-vie
riche en alcool à celle qui ne l'est pas. Aussi chacun
a-t-il soin, en général, quand il sait que sa chaudière
lui donne un produit alcoolique faible, de cesser de
bonne heure sa distillation, afin d'avoir une eau-de-vie
plus forte et plus pure de produits sous-alcooliques
qui lui donnent ordinairement un mauvais goût. Là se
borne, toutefois, la science de ce distillateur au point
de vue du degré. N'allez pas lui dire que si son eau-
de-vie est faible quand il cesse sa distillation à 0, cela
tient à la construction de son appareil, au système de
son appareil, il ne vous entendra pas. C'est en vain
que vous l'engagerez à examiner les produits de la

chaudière du voisin, qui sont supérieurs aux siens, notre homme n'a de confiance qu'en son alambic, et si, par politesse, il veut bien vous entendre lorsque vous lui parlez de ces choses, soyez persuadé que le moment d'après, si vous voulez le suivre un peu, vous pourrez vous convaincre qu'il ne vous a point écouté. Cet esprit de routine et d'incrédulité sera longtemps encore, quoi qu'on en dise, un obstacle sérieux à la clairvoyance des habitants des campagnes.

Il ne suffit pas de donner à une eau-de-vie le degré alcoolique convenable pour qu'elle puisse être acceptée par tel ou tel négociant, mais il faut savoir aussi épuiser le plus complétement possible le vin que l'on distille de tout l'alcool qu'il contient.

A l'époque où l'appareil à jet continu fit son apparition dans le pays, j'ai entendu bien des fois le cultivateur charentais affirmer que les produits de cet appareil étaient moins riches en alcool que ceux qu'il obtenait avec sa vieille chaudière. Or, voici comment il raisonnait alors : « Je sais bien, disait-il, que je perds en combustible avec mon vieux système de distillation, mais mon eau-de-vie est plus forte et le degré me dédommage largement de la perte que je fais en bois. » Je ne sais où il avait puisé ces renseignements, mais il est certain qu'il se trompait, et que tandis qu'il croyait gagner d'un côté ce qu'il perdait de l'autre, il perdait en réalité des deux côtés à la fois. Je préfère cependant la bonhomie et la simplicité de ce distillateur d'autrefois à l'indifférence, je dirai presque à la suffisance de celui de nos jours.

L'ancien système de distillation fait l'eau-de-vie moins forte que le nouveau; ce fait est confirmé par l'expérience et par le raisonnement. Il n'est peut-être point de village, dans les deux Charentes, où l'on n'ait observé, sans y attacher d'ailleurs une grande importance, la supériorité alcoolique des produits du nouveau système ; où l'on n'ait vu que si par hasard la chaudière ancienne s'élève, sur ce point, au-dessus de la nouvelle ou lui est égale, cela tient à ce qu'elle a été placée dans des conditions plus avantageuses de distillation ; qu'au lieu de la charger à trois brouillis, par exemple, on l'a chargée à quatre ; qu'au lieu d'opérer la levée de l'eau-de-vie à 0, elle a eu lieu, par exemple, à un degré et demi avant l'apparition du liquide sous-alcoolique. Il est facile de démontrer d'ailleurs, par le raisonnement, comment l'eau-de-vie doit être en effet moins forte dans le premier cas que dans le second. Avec l'ancien système, la vapeur se forme à une température plus élevée ; elle passe directement, sans aucun intermédiaire, de la chaudière dans le serpentin, entraînant en conséquence avec elle une plus grande quantité de vapeur d'eau. L'eau-de-vie est donc plus faible.

Au contraire, dans le nouveau système de distillation, les premières vapeurs ne tardent pas à se condenser dans le globe, et c'est là que se passe un phénomène vraiment remarquable de la distillation ; je veux dire que le liquide condensé ne tarde pas à se distiller de nouveau, mais cette fois à un feu plus doux ; car c'est en vain que ce liquide tend indéfiniment à se mettre en équilibre de température avec les vapeurs qui émanent de la chaudière, cet équilibre est rompu à chaque instant par son mélange incessant avec le liquide qui arrive du chauffe-vin. Les vapeurs alcooliques se forment donc à une température plus basse ; elles entraînent avec elles une moins grande quantité d'eau, et donnent ainsi naissance à une eau-de-vie plus forte : tout cela s'enchaîne.

En général, le système à jet continu épuise mieux l'alcool de nos vins. Voici un fait qui le prouve : M. C..., propriétaire à Mortier, a une chaudière ancienne dont il se loue beaucoup, et au moyen de laquelle il a obtenu avec 1,640 litres de vin 210 litres d'eau-de-vie, soit 26 lit. 25 c. d'eau-de-vie par tonneau de 205 litres. Ajoutez à ces 26 lit. 25 c. 1 lit. 875 m. provenant de la distillation de la seconde correspondante, et vous aurez le volume de l'eau-de-vie qu'aura donnée à sept degrés moins un quart le tonneau de vin de M. C..., soit 28 lit. 125 m. On comprend difficilement que la seconde ait pu fournir en eau-de-vie un quart de son volume ; cependant M. C... m'a affirmé que tel est ordinairement le résultat qu'il obtient dans ce genre de distillation, distillation de seconde ; mais il a ajouté que l'eau-de-vie ainsi faite est le plus souvent faible, ce qui est probable.

Avec mon appareil, qui appartient au nouveau système de distillation, 205 litres de vin m'ont produit 29 lit. 37 c. après réduction au même degré et rectification de la seconde, soit un excédant de 1 lit. 25 c. sur 28 lit. 12 c., ou environ 4 1/2 p. 0/0.

On ne saurait dire que ce résultat tient à la supériorité alcoolique de mon vin, car il est prouvé que les vins de La Foy et de Mortier (sol calcaire et élevé) sont généralement plus riches en alcool que ceux de Neuvicq, toutes les fois, bien entendu, que le raisin mûrit convenablement ; or, on sait que la maturité du raisin n'a rien laissé à désirer en 1867.

Eh bien ! si ces faits étaient suffisamment connus dans nos campagnes, je crois que nos propriétaires n'adopteraient l'ancien système de distillation qu'autant que MM. les négociants voudraient bien leur en payer les produits plus cher.

Le propriétaire charentais sait bien que la chaudière ancienne lui fait éprouver une perte de temps; mais il ne regrette pas cette perte-là, parce que la lenteur de cette distillation s'accommode avec le genre de ses travaux. Elle n'exige pas, d'un autre côté, une surveillance assidue. Cependant, s'il était bien pénétré de cette idée, que sa chaudière lui fait éprouver une perte d'environ 4 1/2 p. 0/0, c'est-à-dire environ la valeur du bois nécessaire à sa distillation, à coup sûr il renoncerait à ce procédé par trop onéreux.

Différences des mêmes systèmes de distillation au point de vue de leurs rendements alcooliques respectifs.

Les appareils d'un même système donnent aussi de grandes différences sous le rapport de la quantité de l'eau-de-vie qu'ils produisent. Nous avons vu, notamment en 1866, les chaudières anciennes, toutes remarquables par l'infériorité alcoolique de leurs produits, offrir, sous ce rapport, des variétés frappantes : ici l'eau-de-vie marquait à peine quatre degrés; plus loin elle s'élevait à cinq, etc. Cependant le vin était à peu près le même partout. On ne peut guère expliquer ces anomalies que par les différences de proportions qui existent dans les parties élémentaires des chaudières.

En général, on serait tenté de croire, à mon avis du moins, que tout ce qui tend, dans un appareil ancien, à accélérer le jeu de la distillation, tend aussi à abaisser le degré alcoolique de l'eau-de-vie qu'il produit. Suivant cette manière de voir, il conviendrait de ne pas donner aux tubes de trop grandes dimensions et de leur conserver, autant que possible, la même capacité dans toute leur étendue.

Au lieu de faire au chapeau de la chaudière un tube rectiligne, il serait préférable de le disposer en arc, et de donner à la portion montante de cet arc d'assez grandes dimensions. Cette disposition, qui se rattache jusqu'à un certain point au système d'Argant, sert à la fois à augmenter le degré alcoolique et à éviter les coups de feu en ralentissant l'écoulement de la vapeur.

Les pertes d'alcool se rattachent quelquefois à la température excessive du liquide contenu dans le chauffe-vin. Le moyen de remédier à cet inconvénient, c'est de ne pas donner aux canaux qui traversent ce réfrigérant des dimensions trop considérables. On peut aussi, dans ce but, recourir à cette espèce de chauffe-vin cylindrique et horizontal que tout le monde connaît, et qui est basé sur les courants ascendants et descendants des liquides dans la théorie de l'ébullition. Ici on peut donner au vin le degré de chaleur que l'on veut en ouvrant et fermant, suivant le cas, au moyen de robinets convenables, les tubes verticaux qui font communiquer le chauffe-vin avec la source de chaleur située au-dessous, dans un liquide chauffé par le tube du chapeau de la chaudière. Mais il serait à désirer, à mon avis, que dans ce genre d'appareil on pût donner au tube du chapeau la forme arquée qu'il affecte dans les autres appareils à distillation.

Quant aux chaudières à double effet, il existe entre elles, sous le rapport du degré alcoolique de leurs produits, des différences notables, qui tiennent surtout aux variétés qu'elles offrent dans les dimensions de leurs rectificateurs. Il résulte des recherches que j'ai faites sur ce point que si ces dimensions ne sont pas proportionnées au volume de la chaudière, ordinairement le degré est faible ; si, au contraire, le globe est relativement volumineux, le degré est plus élevé. Cela tient sans doute à ce que la distillation s'opère à un feu plus doux dans le second cas que dans le premier. On sait que deux chambres d'inégale capacité, soumises à une même source de chaleur, sont inégalement chauffées, et que celle-ci a une température plus élevée, qui offre une plus petite dimension. Si donc le globe de la chaudière est plus petit, sa chaleur devient plus grande, et les vapeurs alcooliques qui en sortent entraînent avec elles une plus grande quantité d'eau de distillation ; de là, nécessairement, une diminution dans le degré alcoolique. Cette raison me paraît plus que suffisante pour expliquer comment des chaudières nouvelles ou à double effet que je connais donnent de l'eau-de-vie moins forte que les anciennes.

Différences des systèmes de distillation sous le rapport des coups de feu.

Le coup de feu est un accident assez commun de la distillation des vins.

Il se rattache à des causes diverses, parmi lesquelles il faut citer l'inexpérience du distillateur, la mauvaise qualité des vins, l'amincissement par usure de la paroi inférieure de la chaudière, la construction vicieuse du fourneau, la distillation pendant les chaleurs excessives de l'été, etc., etc.

Les effets du coup de feu sont variés ; ils s'annoncent, en général, par un jet alcoolique plus volumineux qu'à l'ordinaire et qui est trouble, rougeâtre, à odeur vineuse.

Dans la chaudière ancienne, ce jet se précipite, comme on sait, du serpentin avec une telle rapidité qu'il déborde bientôt l'entonnoir à eau-de-vie pour se répandre de là sur le sol. Ce phénomène se produit, non-seulement au début, mais encore dans le cours de la distillation. Il est généralement impossible de remédier tout à fait aux pertes d'alcool qu'il entraîne avec lui, et quelquefois il expose à des dangers réels d'incendie, lorsqu'il arrive au distillateur intimidé par cet accident de trop approcher du serpentin la flamme d'une lumière.

Les choses ne se passent pas de la même façon dans la chaudière à jet continu. Les coups de feu y sont très rares, et si, par hasard, ils arrivent, ils n'offrent aucun danger. Quoiqu'il ait un jet beaucoup plus volumineux qu'à l'ordinaire, le liquide qui s'écoule du serpentin conserve néanmoins la limpidité habituelle du produit, dont il ne diffère que par une eau de distillation plus considérable, une force alcoolique moindre. La perte d'alcool n'est en quelque sorte qu'apparente et peut se réparer en grande partie, si l'on a soin, après cela, de conduire lentement la distillation.

Quelques personnes prétendent avoir vu, lors du coup de feu qui a lieu dans la chaudière nouvelle, le vin s'écouler au serpentin comme dans le cas correspondant de la chaudière ancienne ; mais ces faits sont tellement rares qu'il est, je crois, presque permis d'en douter.

Des différences, s'il y en a, entre les appareils sous le rapport de l'huile essentielle.

On a dit : Si vous faites usage de rectificateurs, que deviendra l'arôme de nos bonnes eaux-de-vie, qui, de

l'avis des chimistes, est formé par l'huile essentielle
de nos vins, et dont vous vous débarrassez par votre
nouveau mode de distillation ? Cette raison , grave en
apparence , n'est que spécieuse en réalité. Voyons ce
qui se passe dans la distillation tant vantée de la chaudière ancienne. L'opération se fait ici avec une telle
rapidité que l'eau, l'alcool, l'huile essentielle, sont en-
traînés à la fois dans un même tourbillon de vapeurs.
L'eau et l'huile essentielle doivent être en excès, l'alcool en quantité relativement moindre ; le tout est mé-
langé d'impuretés et d'eau de distillation de mauvais
goût. C'est le revers de la médaille. On éprouve alors
le besoin de rectifier, d'épurer, de distiller à un feu plus
doux un liquide plus alcoolisé. En conséquence , on
retranche les queues de chaque distillation première ;
on charge à quatre, au lieu de charger à trois brouillis ;
on oublie enfin l'huile essentielle, et on se met, à mon
avis, exactement dans les conditions que présente
la chaudière nouvelle munie d'un bon épurateur.
Mais on croit avoir obtenu de l'eau-de-vie meilleure,
tandis que l'on n'a fait que perdre du temps, de l'alcool et du combustible.

D'après les considérations qui précèdent, on voit que
le nouveau système l'emporte sur l'ancien par le degré, le rendement alcoolique , l'économie du temps ,
du combustible, la sûreté de l'opération, etc. Nous ver-
rons tout à l'heure comment ce système, puissamment
secondé par l'épurateur Massonneau, peut donner des
avantages bien supérieurs encore.

II.

DE L'ÉPURATEUR MASSONNEAU.

Un fait digne de remarque et qui mérite d'être signalé, à mon avis, c'est que, tandis que pour la distillation du jus de betterave on utilise adroitement les appareils perfectionnés par la science, chose singulière, quand il s'agit de la distillation des vins qui font l'eau-de-vie de Cognac, ces appareils sont rejetés avec une sorte de mépris. J'ai recherché dans les auteurs la raison de cette appréciation, et j'avoue que je ne l'ai point trouvée. Un représentant du commerce, M. Ratier, a dit dans son *Manuel du négociant* (page 10) : « Dans les départements des deux Charentes, on se sert encore aujourd'hui des appareils anciens. On fait jusqu'à quatre chauffes pour obtenir de l'eau-de-vie un peu forte, mais les producteurs qui emploient ce système ont la prétention de la trouver moins âcre que celles obtenues avec les appareils munis de chauffe-vin. » Un peu plus loin cet auteur ajoute (page 46) : « D'après ces réflexions et les différentes combinaisons que j'ai rapportées pour la distillation des vins, on ne manquera pas de me demander quel est le meilleur procédé. Je répondrai que pour avoir une eau-de-vie fine et sans goût, il faut la brûler plusieurs fois, c'est-à-dire faire plusieurs chauffes, et se servir de l'appareil ancien dont je donne la description. Ceux qui préfèrent la quantité à la qualité peuvent se servir de nouveaux appareils avec chauffe-vin, qui font de l'eau-de-vie de cantine et au degré que l'on désire. » M. Ratier aurait dû nous dire, à l'appui de sa proposition , de combien le prix de l'eau-de-vie faite avec la chaudière ancienne l'emporte sur celui de l'eau-de-vie que l'on obtient avec la nouvelle. Si ces prix sont les mêmes sur nos marchés , et chacun sait qu'ils le sont, c'est que le commerce ne fait réellement aucune différence de ces eaux-de-vie sous le rapport de la qualité ; car on sait que ce même commerce ne craint pas de varier les prix des eaux-de-vie quand elles offrent entre elles une différence tranchée, comme cela a lieu, par exemple, eu égard aux crûs qui les produisent. Mais en voilà assez sur ce point ; il est temps de faire l'histoire de l'épurateur Massonneau, afin : 1° de détromper ceux qui pensent que l'on ne peut faire de bonnes eaux-de-vie avec les nouveaux appareils de distillation ; 2° de montrer d'une manière précise quels sont les avantages notables que l'on retire de ces appareils sous le rapport du rendement alcoolique.

Pendant que j'étudiais à Neuvicq les produits alcooliques des différents systèmes de distillation en usage dans les Charentes, M. Massonneau, pharmacien à Angoulême, s'occupait de son côté à améliorer la qualité des eaux-de-vie par la distillation des vins. Après bien des essais infructueux, il crut enfin avoir trouvé le mot de l'énigme en créant un appareil ingénieux auquel il donna le nom d'épurateur. Suivant l'inventeur, cet appareil est un complément de la distillation des vins, qui sert surtout à débarrasser les vapeurs alcooliques des phlegmes qu'elles contiennent à leur sortie de la chaudière. Il y a, en conséquence, dans l'épurateur Massonneau une certaine quantité d'eau affectée au lavage de la vapeur. L'idée de faire passer un gaz à travers un liquide, dans le but d'obtenir un lavage ou une réaction chimique, n'est pas une idée nouvelle; cela se voit tous les jours, par exemple dans les expériences toxicologiques. Soit qu'il agît en cela par induction ou autrement, M. Massonneau imagina de conduire la vapeur alcoolique dans un petit réservoir d'eau, afin d'obtenir une épuration de cette même vapeur. L'opération réussit, en ce sens que l'eau-de-vie ainsi faite fut trouvée très bonne, qu'elle se vendit parfaitement, mais toujours le même prix que les autres, sans distinction aucune. Les bonnes eaux-de-vie ne sont pas rares. Telle n'était point cependant l'idée de l'inventeur, qui parlait toujours de son invention en homme convaincu; mais il fut obligé d'y renoncer, croyant sans doute que la science du gourmet était encore à faire.

Ayant alors l'honneur des confidences de M. Massonneau, je l'engageai à donner à son appareil une autre direction; à l'employer, par exemple, à corriger l'imperfection des appareils à distillation sous le rapport de leurs rendements alcooliques. Or, il fut décidé entre nous que l'on adapterait l'épurateur à une chaudière quelconque en usage dans les Charentes, à l'effet de savoir si celle-ci donnerait dans ces conditions une eau-de-vie plus riche en alcool.

C'est ici le cas, ce me semble, de donner la description de l'épurateur Massonneau. Cet appareil représente assez bien, dans son ensemble, le modèle en petit d'une vieille chaudière à eau-de-vie. Il se compose de deux parties, l'une supérieure, l'autre inférieure.

La partie supérieure est un couvercle ou chapeau, portion renflée en boule, se prolongeant latéralement sous la forme d'un tube qui va progressivement en diminuant de diamètre jusqu'à son extrémité libre qui s'adapte au réfrigérant.

La partie inférieure est un vase ayant à peu près la forme d'une sphère, légèrement aplatie dans le sens vertical, contenant environ 25 litres, et qui présente à sa base intérieurement, à peu de distance l'un de l'autre, deux orifices. L'un, de forme circulaire de un centimètre et demi de diamètre, est celui d'un canal horizontal ou légèrement incliné dans le sens vertical, qui sert à faire écouler l'eau contenue dans le vase et qui est muni d'un robinet qui s'ouvre et se ferme à volonté. Le deuxième orifice ovalaire, dont le grand diamètre à neuf centimètres et le petit six centimètres, est celui d'un canal deux fois coudé, qui rampe d'abord dans le fond du vase, en ressort ensuite en formant un arc de cercle très étendu à concavité interne, puis se relève jusqu'à un peu au-dessous de la portion renflée du vase, où il se coude de manière à former avec la première portion un angle légèrement obtus inférieurement. Ce tube est destiné à remédier aux coups de feu ; c'est un tube de sûreté !

A la partie supérieure du vase se trouve l'ouverture principale, ayant environ dix-huit centimètres de diamètre, destinée à recevoir l'ouverture correspondante du couvercle. A trois centimètres environ de celle-ci, est un tube volumineux auquel s'adapte celui du chapeau de la chaudière dans l'ancien système, le tube à eau-de-vie du rectificateur dans le nouveau système de distillation ; ce tube se prolonge dans le vase et se recourbe ensuite à peu de distance de son bas-fonds, de telle sorte qu'en ajoutant deux litres d'eau dans le vase, l'extrémité libre du tube est complétement baignée par le liquide. Enfin, sur une même ligne latérale, un petit entonnoir, fermé avec un bouchon de cuivre, destiné à l'introduction de l'eau épurative, et un robinet indiquant le trop-plein du vase.

Cet appareil s'ajoute avec une très grande facilité à tous les systèmes de distillation en usage dans les Charentes. Il se place entre la chaudière et le serpentin dans le système primitif, entre la chaudière et le chauffe-vin dans l'appareil à chauffe-vin ; dans le procédé à jet continu, il se trouve situé entre le globe et le serpentin.

D'une manière générale, quel que soit le système auquel on l'adapte, les vapeurs plus ou moins alcoolisées viennent se condenser toutes dans la cucurbite de l'épurateur. La distillation se trouve alors un moment interrompue ; mais bientôt l'appareil s'échauffe, et la distillation recommence, pour donner naissance, cette fois, à des vapeurs qui distillent à une température inférieure, sont par conséquent plus chargées d'alcool et purgées en grande partie de leur eau primitive de distillation. C'est ainsi qu'il faut expliquer, suivant toute probabilité, la quantité de liquide que l'on trouve en excès dans l'épurateur après chaque opération. Il faut remarquer que cette quantité est toujours plus considérable quand on essaie l'appareil sur des chaudières anciennes. Ce fait s'explique d'ailleurs très facilement ; mais passons à nos expériences.

La première expérience que nous fîmes avec l'épurateur Massonneau, sous le rapport du degré, eut lieu à la fin de l'année 1866, chez M. C..., propriétaire à Neuvicq. La chaudière de M. C... appartient à l'ancien système dit à chauffe-vin ; sa capacité est de 300 litres environ ; son jeu, quoique un peu rapide, est assez sûr et à l'abri des accidents, tels que coup de feu, fuite de vapeur, etc. Nous opérions dans de bonnes conditions. Le vin dont nous nous servions provenait d'un même tonneau, il était donc de même qualité.

Nous commençons par observer le volume de l'eau-de-vie obtenu avec l'appareil de M. C... Ce volume est de 105 litres pour 300 litres de liquide sous-alcoolique connu sous le nom de brouillis; la distillation est arrêtée à un degré et demi au-dessus du zéro de l'aréomètre, et l'eau-de-vie faite dans ces conditions marque six degrés Tessa. Ceci observé, nous ajoutons à l'appareil ci-dessus l'épurateur de M. Massonneau, et nous notons qu'à chacune des trois distillations de vin nécessaires pour obtenir la charge de la chaudière en brouillis, le premier décalitre qui s'écoule marque de deux à trois degrés, tandis que dans l'opération correspondante de M. C... le premier décalitre n'avait donné que des traces faibles ou à peine sensibles d'alcool.

La différence entre les deux épreuves est bien plus sensible encore à la dernière distillation. Car, tandis qu'avec l'appareil de M. C... il faut cesser la distillation à un degré et demi pour avoir une eau-de-vie à six degrés, avec l'épurateur, au contraire, la levée à zéro donne un volume égal d'eau-de-vie avec un degré de plus à l'aréomètre ordinaire.

Quoique M. Massonneau et moi nous n'ayons pas tenu un compte exact du liquide sous-alcoolique dans l'une et l'autre expérience, nous avons cru pouvoir estimer à 5 p. 0/0 environ l'augmentation de rendement alcoolique obtenu par l'épurateur. Dans une expérience plus récente, qui a été faite par un négociant dont la compétence en pareille matière ne saurait être mise en doute, l'appareil de M. Massonneau a fourni un excédant de 6 à 6 1/2 p. 0/0 d'alcool pur.

Outre la supériorité alcoolique que nous avons reconnue au produit de l'épurateur dans l'expérience de Neuvicq, nous avons constaté aussi que cet appareil rendait l'eau-de-vie beaucoup plus douce et plus pure, surtout à la fin de la distillation. Un fait qui nous a frappé surtout, c'est que le liquide sous-alcoolique obtenu avec l'épurateur, ou, si l'on veut, le brouillis de l'épurateur, n'avait aucun rapport avec celui de la chaudière ancienne opérant seule. Il était clair et limpide, au lieu d'être trouble et blanchâtre. On ne pouvait raisonnablement donner à ce liquide le nom de brouillis; c'était le produit d'une distillation plus parfaite.

Voulant connaître l'effet de l'épurateur Massonneau sur un appareil à jet continu, je l'ai expérimenté, au commencement de l'année 1867, sur ma petite chaudière à eau-de-vie, qui sort des ateliers de M. Delâge, d'Angoulême, et est avantageusement connue pour son rendement alcoolique.

Afin de rendre l'expérience concluante, j'ai fait, comme l'an passé, deux épreuves, l'une sans épurateur, l'autre avec épurateur. Le vin employé pour la distillation provenait dans les deux cas d'un même tonneau de 500 litres. La chose était possible, vu la faible capacité de ma chaudière, qui est de 170 litres. Une même cruche servit dans les deux cas à recevoir l'eau-de-vie; mais comme elle ne contenait que 18 litres 50 c., il y eut une queue, qui ne fut que de 2 litres environ à la première distillation, tandis que, à ma grande surprise, elle s'élevait à 4 litres à peu près pour la seconde. C'était donc environ 2 litres d'eau-de-vie que j'avais gagnés au moyen de l'épurateur. Il faut observer, toutefois, qu'à la première distillation j'ai obtenu 11 lit. 50 c. de seconde, tandis que la deuxième opération n'en avait fourni que 3 lit. 50 c.; ce qui fait, au détriment de l'épurateur, une perte de 8 litres en liquide sous-alcoolique, ou environ 1 litre 23 c. d'eau-de-vie. Déduction faite de cette perte, il reste encore un excédant de 77 centilitres d'eau-de-vie au bénéfice de l'épurateur sur 170 litres de vin.

Pour juger de la différence des deux produits sous le rapport du degré alcoolique, je pris de ces produits deux échantillons qui furent levés sur des volumes égaux, les 18 premiers litres 50 centilitres de chaque distillation. Or, je trouvai qu'en soumettant alternativement ces échantillons à l'aréomètre ordinaire, l'eau-de-vie faite sans épurateur marquait 9 degrés 7/8, et l'eau-de-vie faite avec épurateur, 10 degrés 7/8. C'était bien le résultat de l'année précédente; à volume égal l'eau-de-vie de l'épurateur offrait encore un degré de plus. Il était évident que l'épurateur Massonneau se comportait à l'égard des chaudières du nouveau système absolument comme avec celles de l'ancien, du moins au point de vue du degré alcoolique.

Ajoutant ensemble les produits partiels de chaque distillation, sans oublier leurs produits sous-alcooliques respectifs, j'observai enfin que le revenu de mon appareil fonctionnant seul était de 22 lit. 26 c., marquant 9 degrés à l'aréomètre ordinaire, et celui de l'épurateur 23 lit. 03 c., marquant 9 degrés trois quarts (3/4). Ces deux produits provenaient, comme nous l'avons dit plus haut, de la distillation d'une même quantité de vin, évaluée dans les deux cas à 170 litres, et faite respectivement dans les mêmes conditions. J'ai trouvé, enfin, que le rendement alcoolique de mon appareil avait été augmenté par l'épurateur Massonneau de 6 lit. 21 c. et demi p. 0/0.

Fort de cette dernière épreuve, nous présentâmes l'épurateur à l'exposition d'Angoulême, qui eut lieu à la fin de mai 1868; mais nous nous trouvâmes à ce concours dans de très mauvaises conditions de distillation. Il fallait opérer à découvert, en plein jour, par une de ces fortes chaleurs de juin qui se rencontrent quelquefois en mai. Pour économiser le temps de la commission, nous fûmes obligé de nous restreindre à une distillation partielle de dix litres dans les deux cas. La première opération une fois terminée, on ajouta rapidement l'épurateur; puis on enleva le vin à demi distillé et encore bouillant de la chaudière; on chargea précipitamment celle-ci avec le vin à peu près bouillant aussi du chauffe-vin, tant était grande la chaleur de l'appareil; enfin, on chauffa, et il se fit une distillation tellement précipitée que le jet de l'eau-de-vie atteignit bientôt le volume du doigt et fut très difficile à modérer. Ce trouble de la distillation se reconnut bientôt à la vérification des produits. Non-seulement on ne retrouva plus le degré alcoolique dont l'épurateur Massonneau gratifie en quelque sorte chaque distillation, mais on constata une différence de quatre degrés Tessa au préjudice de cet appareil. Ma déception fut grande, il est vrai, mais elle dura peu. Je fis aussitôt ralentir le feu, persuadé que j'allais reprendre à la fin de l'opération une grande partie de ce que j'avais perdu au début. La chose eut lieu en effet, et nous obtînmes un résultat final satisfaisant, savoir : pour 170 litres de vin, environ 29 litres d'eau-de-vie à 60 degrés centésimaux, soit pour 6 litres de vin 1 litre d'eau-de-vie. Il n'était guère possible d'obtenir un semblable résultat avec les appareils ordinaires de distillation; et cependant, je le répète, nous avions opéré dans de très mauvaises conditions.

Afin de rendre le public juge de la valeur de mon appareil secondé de l'épurateur Massonneau, je l'ai soumis cette année à l'épreuve des divers propriétaires qui m'en ont fait la demande pour la distillation de

leurs vins ; or, il est arrivé que l'on a obtenu avec lui
des résultats tout à fait semblables à ceux que donnent
à grands frais les chaudières anciennes, au moyen de
distillations répétées. L'eau-de-vie a marqué partout
huit degrés à l'aréomètre ordinaire et elle a été reconnue partout de très bonne qualité. J'ai noté des faits
analogues dans mes distillations particulières.

Or, si l'on s'en rapporte aux relevés qui viennent
d'être faits tout récemment par la régie dans le dé-
partement de la Charente, il se brûle chaque année
dans nos deux départements vinicoles six millions
d'hectolitres de vin, lesquels, à mon avis, peuvent donner environ 857,142 hectolitres d'eau-de-vie avec les
appareils ordinaires de distillation. Si l'on admet, en
outre, comme cela a été prouvé d'ailleurs, que l'épurateur Massonneau augmente d'environ 6 et 1/4 p. 0/0
le rendement alcoolique de ces appareils, on arrivera
nécessairement à cette conclusion, qu'en se servant de
cet appareil dans toute l'étendue des deux Charentes,
on augmentera le revenu alcoolique annuel de 53,571
à 53,572 hectolitres.

Ces faits m'ont paru assez dignes d'intérêt pour être
publiés et livrés à la méditation des économistes.
Toutefois, malgré ma conviction profonde de l'excel-
lence du nouveau sur l'ancien procédé de distillation,
je suis loin de me faire illusion sur le résultat de l'action de mes conseils contre l'influence de vieilles ha-
bitudes, mais j'aurai rempli un devoir en disant aujourd'hui aux propriétaires de mon pays : Vous avez
tort de ne pas tirer de votre vin tout le parti possible ;
songez qu'en agissant comme vous le faites vous favo-
risez certainement les producteurs d'eau-de-vie inférieure qui, de l'avis de tous, vous font déjà une bien
rude concurrence.

Quelques mots maintenant, pour en finir, au sujet du jugement porté sur l'épurateur Massonneau. Cet appareil, quoique peu connu, a été déjà l'objet d'appréciations diverses. Pour l'un, c'est un appareil de Wolf; l'autre n'y voit pas autre chose qu'un appareil d'Adam; un troisième lui trouve des caractères communs avec le rectificateur de la chaudière à double effet. Sans vouloir nier absolument l'analogie qui peut exister entre ces différents appareils, je crois qu'il faut reconnaître à l'épurateur une organisation qui lui est propre. D'abord, il a une capacité déterminée qui est parfaitement en rapport avec celles des chaudières de notre pays; et je crois avoir démontré dans le paragraphe précédent qu'il suffit de faire varier la capacité d'un rectificateur pour faire varier en même temps sa puissance de rectification.

Dans son *Précis de chimie industrielle* (page 397, deuxième volume), M. Payen s'exprime ainsi à propos de la distillation du marc de raisin : « Il serait facile de rendre plus économiques ces distillations en adaptant le tube du chapeau de la chaudière à un vase intermédiaire dans lequel la vapeur barboterait; un deuxième conduirait de ce vase la vapeur au serpentin; on obtiendrait ainsi un liquide alcoolique plus fort et partiellement rectifié. Un tube à robinet faisant communiquer à volonté le fond du vase avec la partie inférieure de la chaudière, permettrait d'y conduire le liquide condensé, dès qu'on aurait vidé la chaudière. »

En admettant que M. Massonneau ait puisé à cette source l'idée de son épurateur, son appareil diffère encore ici de l'appareil idéal de M. Payen, en ce sens que ce chimiste distingué n'indique pas comme nécessaire l'existence antérieure à toute distillation d'une certaine quantité d'eau dans le vase dont il suppose la création possible ; et c'est peut-être à cette eau que l'épurateur Massonneau doit cette particularité remarquable qui le distingue, à mon avis, de l'appareil d'Adam, savoir que le liquide condensé ne contient absolument aucune trace d'alcool.

Cet appareil a donc son individualité propre ; mais ne fût-il, après tout, qu'une imitation de celui d'Adam, que l'on devrait encore savoir gré au pharmacien d'Angoulême d'en avoir fait un complément de la distillation des vins dans les Charentes.